주판으로 배우는 암산 수학

· 주 · 판 · 으 · 로 · 배 · 우 · 는 · 암 · 산 · 수 · 학 ·

EQ를 올리는 매직셈

⭐ 5를 이용한 1~4까지의 덧셈

⭐ 10과 5를 활용한 6~9까지의 덧셈

⭐ 주의할 덧셈 50, 100 만들기

세광m

주산식 암산수학
– 호산 및 플래시학습 훈련 학습장

1	1	1	1
2	2	2	2
3	3	3	3
4	4	4	4
5	5	5	5
6	6	6	6
7	7	7	7
8	8	8	8
9	9	9	9
10	10	10	10

1	1	1	1
2	2	2	2
3	3	3	3
4	4	4	4
5	5	5	5
6	6	6	6
7	7	7	7
8	8	8	8
9	9	9	9
10	10	10	10

주판으로 배우는 암산 수학
매직셈
www.magicsem.co.kr / 무료상담전화 : 080-3131-7404

EQ를 **올리는 매직셈**

2

5를 활용한 1의 덧셈 ·················· 5

5를 활용한 2의 덧셈 ·················· 10

5를 활용한 3의 덧셈 ·················· 16

5를 활용한 4의 덧셈 ·················· 22

10과 5를 활용한 6의 덧셈 ·········· 33

10과 5를 활용한 7의 덧셈 ·········· 38

10과 5를 활용한 8의 덧셈 ·········· 44

10과 5를 활용한 9의 덧셈 ·········· 50

종합연습문제 ····························· 56

주의할 덧셈(50만들기) ·············· 64

주의할 덧셈(100만들기) ············ 68

주의할 덧셈 종합연습 ················ 72

2단계 종합평가 ························· 74

곱셈구구표 ······························· 76

정답지 ··································· 77

곱셈구구연습 ··························· 84

세광m

5를 활용한 덧셈

【 더해서 합이 5가 되는 수가 서로 짝이 됩니다. 】

1에서 4까지의 수를 더할 때 아래알이 부족하여 윗알 5를 이용해야 할 경우 짝을 이용한 덧셈이라 합니다.

$1 + 4 = 5$
$4 + 1 = 5$

〈1〉과 〈4〉는 서로 짝

$3 + 2 = 5$
$2 + 3 = 5$

〈3〉과 〈2〉는 서로 짝

🌱 노래로 불러 볼까요?

노래:개나리

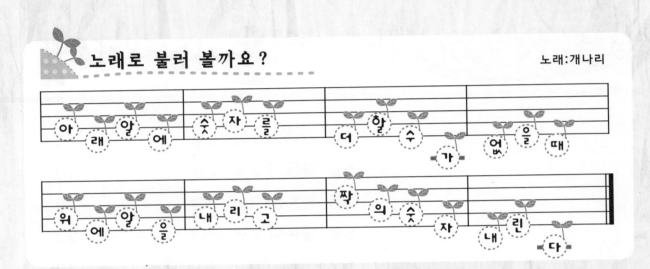

아 래 알 에 / 숫 자 를 / 더 할 수 가 / 없 을 때

위 에 알 을 / 내 리 고 / 짝 의 숫 자 / 내 린 다

1 ☐안에 알맞은 수를 써넣어 보세요.

$1 + \boxed{} = 5$ $2 + \boxed{} = 5$

$3 + \boxed{} = 5$ $4 + \boxed{} = 5$

2 ☐안에 알맞은 수를 써넣어 보세요. (5를 가르기 해 봅시다.)

5	5	5	5	5
1	4	0	3	2

5	5	5	5	5
2	3	4	1	5

5를 활용한 1의 덧셈

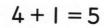

$4 + 1 = 5$ 1의 짝수 4

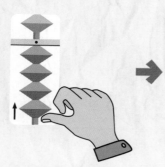

일의 자리에 엄지로 4를 놓습니다.

아래알에 1을 더할 수 없으므로 5를 검지로 내리면서...

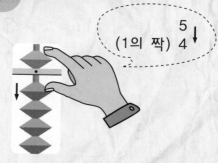

(1의 짝) 5↓ 4↓

더 많이 더한 4를 엄지로 동시에 내려서 빼줍니다.

⭐ 주판으로 해 보세요.

1	2	3	4	5	6	7	8	9	10
4	1	4	3	4	4	4	2	4	9
0	3	1	1	1	1	1	2	1	5
1	1	2	1	3	1	0	1	4	1

11	12	13	14	15	16	17	18	19	20
4	1	4	6	4	4	1	3	2	1
0	3	1	3	1	8	2	9	2	1
1	1	2	5	2	2	1	2	1	2
2	3	4	1	9	1	1	1	1	1

⭐ 주판으로 해 보세요.

1	2	3	4	5	6	7	8	9	10
1	4	3	3	9	2	4	3	4	8
3	1	7	1	1	2	1	1	1	2
1	3	4	1	4	0	3	1	4	4
5	1	1	2	1	1	5	5	4	1

11	12	13	14	15	16	17	18	19	20
9	3	4	4	4	2	3	1	4	4
5	6	7	1	1	2	1	3	1	1
1	5	3	2	3	1	1	1	4	5
3	1	1	4	2	5	3	2	2	7

21	22	23	24	25	26	27	28	29	30
9	7	8	6	4	9	4	1	9	4
5	3	5	4	1	5	1	3	5	1
1	4	1	4	5	1	4	1	1	3
1	1	1	1	7	3	5	4	5	7

올셈 2단계

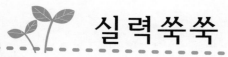

⭐ 주판으로 해 보세요.

1	2	3	4	5	6	7	8	9	10
1	2	3	4	5	6	7	8	9	9
9	8	7	6	5	4	3	2	1	5
4	4	4	4	4	4	4	4	4	1
1	1	1	1	1	1	1	1	1	3
5	3	4	3	5	1	2	3	4	2

11	12	13	14	15	16	17	18	19	20
1	2	5	5	2	7	3	6	8	4
8	7	3	4	7	4	5	5	5	1
1	2	1	5	5	3	1	3	1	5
4	3	5	1	1	1	5	1	1	5
1	1	1	4	1	3	1	1	2	3

21	22	23	24	25	26	27	28	29	30
9	8	7	6	5	4	3	2	7	8
4	8	5	5	4	1	1	1	9	5
1	5	2	3	5	5	1	1	3	1
1	3	1	1	1	6	4	1	5	1
3	1	2	4	1	2	7	5	1	3

헉! 어려운 10단위가?

하지만 어려워하지 않아도 됩니다.

1단위를 두 번 계산하면 되지요.(앞자리에서 한번~ 뒷자리에서 한번~)
10단위는 10단위대로, 1단위는 1단위대로, 짝을 이용한 덧셈을 하면 돼요~

⭐ 주판으로 해 보세요.

1	2	3	4	5	6	7	8	9	10
40	20	30	40	40	11	22	31	14	12
10	20	10	0	10	33	22	13	30	32
20	10	10	10	12	11	11	11	11	11

11	12	13	14	15	16	17	18	19	20
41	24	34	44	45	13	41	36	16	24
12	21	11	11	10	31	10	13	33	21
21	10	10	11	13	11	15	10	10	50

⭐ 읽으면서 주판으로 놓아보세요.

1	8 − 6 + 22 + 1 =	6	36 − 6 + 14 + 11 =
2	18 − 7 + 40 + 20 =	7	29 − 7 + 26 + 10 =
3	16 + 40 − 6 + 20 =	8	17 − 6 + 40 − 1 =
4	26 + 20 + 10 − 6 =	9	45 + 10 − 5 + 3 =
5	17 + 1 + 40 + 9 =	10	14 + 30 − 4 + 10 =

⭐ 주판에 놓인 수와 아래 수를 암산으로 해 보세요.

1	2	3	4	5	6	7	8
5	8	9	7	5	9	3	8
9	7	4	7	5	5	7	3

9	10	11	12	13	14	15	16
−5	8	5	5	4	1	6	3
9	6	3	7	3	7	5	5

17	18	19	20	21	22	23	24
−5	5	4	3	−7	7	−4	2
6	6	5	5	9	4	5	7
9	−7	−5	5	1	6	5	5

5를 활용한 2의 덧셈

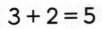

3 + 2 = 5

2의 짝수 3

(2의 짝) 3 ↓ 5

일의 자리에 엄지로
3을 놓습니다.

아래알에 2를 더할 수
없으므로 5를 검지로
내리면서...

더 많이 더한 3을 엄지로
동시에 내려서 빼줍니다.

⭐ 주판으로 해 보세요.

1	2	3	4	5	6	7	8	9	10
3	2	4	4	9	9	8	3	4	2
0	1	-1	-2	-5	-6	-5	2	2	2
2	2	2	3	2	2	2	1	3	2

11	12	13	14	15	16	17	18	19	20
3	1	3	6	3	4	1	3	2	1
0	3	2	2	2	8	2	9	2	1
2	2	2	5	2	2	1	2	2	2
2	3	4	2	9	2	2	2	1	2

★ 주판으로 해 보세요.

1	2	3	4	5	6	7	8	9	10
1	4	3	3	9	2	4	3	4	8
3	2	7	1	1	2	2	2	2	3
2	3	4	2	4	0	3	1	3	3
5	1	2	2	2	2	5	5	3	2

11	12	13	14	15	16	17	18	19	20
9	3	4	4	4	2	3	1	4	4
2	6	7	2	2	2	1	3	2	2
2	5	3	4	3	2	2	2	4	5
2	2	2	7	2	5	3	2	2	7

21	22	23	24	25	26	27	28	29	30
9	7	8	6	2	9	4	1	9	4
5	3	5	4	4	5	2	3	5	2
2	4	2	4	5	2	4	2	2	3
1	2	1	2	7	3	5	4	5	7

실력쑥쑥

⭐ 주판으로 해 보세요.

1	2	3	4	5	6	7	8	9	10
1	2	3	4	5	6	7	8	9	9
9	8	7	6	5	4	3	2	1	5
4	4	4	4	4	4	4	4	4	2
2	2	2	2	2	2	2	2	2	3
5	3	4	3	5	1	2	3	4	2

11	12	13	14	15	16	17	18	19	20
1	2	5	5	2	7	3	4	8	4
8	7	3	4	7	4	5	2	5	2
1	2	1	5	5	3	1	5	1	5
4	3	5	2	2	2	5	8	2	5
2	2	2	4	1	3	2	4	2	3

21	22	23	24	25	26	27	28	29	30
9	8	7	6	5	4	3	2	7	8
4	8	5	5	4	2	1	1	9	5
1	5	2	3	5	5	2	1	3	1
2	3	2	2	2	6	4	2	5	2
3	2	2	4	1	2	7	5	2	3

올셈 2단계

하지만 어려워하지 않아도 됩니다.

1단위를 두 번 계산하면 되지요. (앞자리에서 한번~ 뒷자리에서 한번~)
10단위는 10단위대로, 1단위는 1단위대로, 짝을 이용한 덧셈을 하면 돼요~

⭐ 주판으로 해 보세요.

1	2	3	4	5	6	7	8	9	10
42	21	30	40	40	11	22	31	14	12
22	21	10	0	20	33	22	13	30	32
20	21	21	20	12	22	22	22	22	22

11	12	13	14	15	16	17	18	19	20
30	40	35	44	33	21	23	16	13	27
20	21	20	0	20	15	15	32	22	31
10	15	22	10	11	20	20	20	13	30

⭐ 읽으면서 주판으로 놓아보세요.

1	8 - 6 + 22 + 2 =
2	18 - 7 + 30 + 20 =
3	36 + 20 - 6 + 20 =
4	26 + 20 + 20 - 6 =
5	27 + 1 + 30 + 9 =

6	36 - 6 + 14 + 22 =
7	29 - 7 + 26 + 20 =
8	37 - 6 + 20 - 1 =
9	45 + 20 - 5 + 3 =
10	14 + 30 - 4 + 20 =

주판에 놓인 수와 아래 수를 암산으로 해 보세요.

	1	2	3	4	5
	5	8	5	7	5
	8	6	2	5	5

	6	7	8	9	10
	6	5	4	−5	8
	3	3	7	8	7

	11	12	13	14	15
	−5	−5	4	1	6
	3	3	3	9	−6
	6	7	−2	−6	8

올셈 2단계

연산학습

Q 1 ☐ 안에 알맞은 수를 써넣으시오.

① 5 + 8
☐ + ☐ + 8
☐ + 10 = ☐

② 6 + 7
☐ + ☐ + 7
☐ + 10 = ☐

③ 9 + 8
☐ + ☐ + 8
☐ + 10 = ☐

④ 5 + 6
☐ + ☐ + 6
☐ + 10 = ☐

Q 2 계산을 하시오.

① 4+6+9=☐

② 7+8+3=☐

③ 9+4+8=☐

④ 5+5+6=☐

⑤ 6+4+7=☐

⑥ 2+8+9=☐

Q 3 계산을 하시오.

① ☐
   17
 + 3

② ☐
   23
 + 8

③ ☐
   26
 + 4

④ ☐
   16
 + 4

⑤ 24
 + 3

⑥ 16
 + 2

⑦ ☐
   16
 + 5

⑧ 11
 + 4

5를 활용한 3의 덧셈

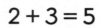

2 + 3 = 5   3의 짝수 2

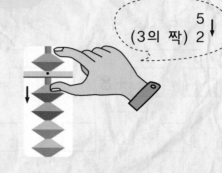

(3의 짝) 5↓ 2↓

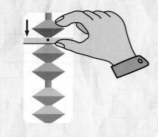

일의 자리에 엄지로 2를 놓습니다.

아래알에 3을 더할 수 없으므로 5를 검지로 내리면서...

더 많이 더한 2를 엄지로 동시에 내려서 빼줍니다.

⭐ 주판으로 해 보세요.

1	2	3	4	5	6	7	8	9	10
2	2	4	4	7	9	8	2	4	2
0	3	-1	-2	-5	-7	-6	3	3	3
3	2	3	3	3	3	3	1	3	2

11	12	13	14	15	16	17	18	19	20
2	1	2	6	2	4	1	3	2	1
0	3	3	2	3	8	2	9	2	1
3	2	2	5	2	3	1	2	3	3
2	3	4	3	9	2	3	3	1	2

⭐ 주판으로 해 보세요.

1	2	3	4	5	6	7	8	9	10
1	4	3	3	9	2	4	3	4	8
3	3	7	1	1	2	3	3	3	4
3	3	4	3	4	0	3	1	3	2
5	1	3	2	3	3	5	5	2	3

11	12	13	14	15	16	17	18	19	20
9	3	4	4	4	2	3	1	4	4
2	6	7	3	3	2	1	3	3	3
1	5	3	4	3	3	3	3	4	5
3	3	3	5	8	5	3	2	2	6

21	22	23	24	25	26	27	28	29	30
9	7	8	6	4	9	4	1	9	4
5	3	5	4	3	5	3	3	5	3
3	4	3	4	5	3	4	3	3	3
1	3	1	3	7	3	8	4	5	7

실력쑥쑥

⭐ 주판으로 해 보세요.

1	2	3	4	5	6	7	8	9	10
1	2	3	4	5	6	7	8	9	9
9	8	7	6	5	4	3	2	1	5
4	4	4	4	4	4	4	4	4	3
3	3	3	3	3	3	3	3	3	3
5	3	4	3	5	1	2	3	4	2

11	12	13	14	15	16	17	18	19	20
1	2	5	5	2	7	3	6	8	4
8	7	3	4	7	4	5	5	5	3
1	2	1	5	5	3	1	3	1	5
4	3	5	3	3	3	5	3	3	5
3	3	3	4	1	3	3	3	2	3

21	22	23	24	25	26	27	28	29	30
9	8	7	6	5	4	3	2	7	8
4	8	5	5	4	3	1	1	9	5
1	5	2	3	5	5	3	1	3	1
3	3	3	3	3	6	4	3	5	3
3	3	2	4	1	2	7	5	3	3

헉! 어려운 10단위가?

하지만 어려워하지 않아도 됩니다.

1단위를 두 번 계산하면 되지요. (앞자리에서 한번~ 뒷자리에서 한번~)
10단위는 10단위대로, 1단위는 1단위대로, 짝을 이용한 덧셈을 하면 돼요~

⭐ 주판으로 해 보세요.

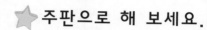

1	2	3	4	5	6	7	8	9	10
42	21	30	40	40	11	22	31	14	12
32	21	10	0	20	33	33	13	30	32
20	31	32	30	12	33	22	33	33	33

11	12	13	14	15	16	17	18	19	20
30	22	30	30	44	22	31	15	16	27
30	30	30	0	30	22	35	34	32	31
12	20	16	30	15	30	22	30	31	30

⭐ 읽으면서 주판으로 놓아보세요.

1. 8 - 6 + 33 + 4 =	6. 36 - 6 + 14 + 33 =
2. 18 - 7 + 30 + 30 =	7. 29 - 7 + 26 + 30 =
3. 26 + 30 - 6 + 20 =	8. 27 - 6 + 30 - 1 =
4. 26 + 20 + 30 - 6 =	9. 45 + 30 - 5 + 3 =
5. 27 + 1 + 30 + 9 =	10. 14 + 30 - 4 + 30 =

주판에 놓인 수와 아래 수를 암산으로 해 보세요.

	1	2	3	4	5
	9	8	9	9	5
	5	7	2	5	6

	6	7	8	9	10
	5	6	4	−5	8
	6	3	6	7	6

	11	12	13	14	15
	−5	−5	4	1	6
	3	2	2	8	−6
	6	8	8	−6	9

Q 1 ☐ 안에 알맞은 수를 써넣으시오.

① 7 + 4
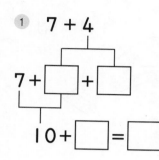

7 + ☐ + ☐

10 + ☐ = ☐

② 8 + 3

8 + ☐ + ☐

10 + ☐ = ☐

③ 6 + 5

6 + ☐ + ☐

10 + ☐ = ☐

④ 7 + 5
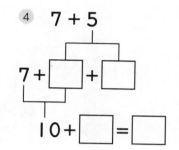

7 + ☐ + ☐

10 + ☐ = ☐

Q 2 계산을 하시오.

① 5 + 4 + 5 =

② 8 + 9 + 5 =

③ 2 + 5 + 8 =

④ 4 + 6 + 7 =

⑤ 7 + 4 + 9 =

⑥ 9 + 5 + 9 =

Q 3 계산을 하시오.

①
```
  ☐
  2 1
+   9
─────
```

②
```
  4 4
+   5
─────
```

③
```
  ☐
  1 5
+   7
─────
```

④
```
  2 3
+   2
─────
```

⑤
```
  2 5
+   4
─────
```

⑥
```
  3 4
+   3
─────
```

⑦
```
  ☐
  3 4
+   6
─────
```

⑧
```
  4 6
+   1
─────
```

5를 활용한 4의 덧셈

$$1 + 4 = 5$$

4의 짝수 1

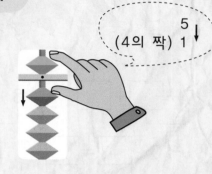

$$\begin{matrix} 5 \downarrow \\ (4의\ 짝)\ 1 \end{matrix}$$

일의 자리에 엄지로
1을 놓습니다.

아래알에 4를 더할 수
없으므로 5를 검지로
내리면서...

더 많이 더한 1을 엄지로
동시에 내려서 빼줍니다.

⭐ 주판으로 해 보세요.

1	2	3	4	5	6	7	8	9	10
1	1	4	4	7	9	8	2	4	2
0	4	−1	−2	−5	−7	−6	4	4	4
4	2	4	4	4	4	4	1	3	2

11	12	13	14	15	16	17	18	19	20
2	1	2	6	2	4	1	3	2	1
0	4	4	5	4	8	2	9	2	1
4	2	2	4	2	4	1	2	4	4
2	3	4	3	9	2	4	4	1	2

⭐ 주판으로 해 보세요.

1	2	3	4	5	6	7	8	9	10
1	4	3	3	9	2	4	3	4	6
3	4	7	1	1	2	4	4	4	4
4	3	4	4	4	0	3	1	3	4
5	1	4	2	4	4	5	5	3	4

11	12	13	14	15	16	17	18	19	20
9	3	4	4	4	2	3	1	4	4
5	6	7	4	4	2	1	3	4	4
3	5	4	4	3	4	4	4	4	5
4	4	3	5	2	5	3	2	2	7

21	22	23	24	25	26	27	28	29	30
9	7	8	4	4	9	4	1	9	4
5	3	5	4	5	5	5	4	5	4
4	4	4	4	4	4	4	3	4	3
1	4	1	6	7	3	4	4	5	7

실력쑥쑥

⭐ 주판으로 해 보세요.

1	2	3	4	5	6	7	8	9	10
1	2	3	4	5	6	7	8	9	9
9	8	7	6	5	4	3	2	1	5
4	4	4	4	4	4	4	4	4	3
4	4	4	4	4	4	4	4	4	4
5	3	4	3	5	1	2	3	4	2

11	12	13	14	15	16	17	18	19	20
1	2	5	5	2	7	3	6	8	4
8	7	3	4	7	4	5	5	5	4
1	2	1	5	5	3	1	3	1	5
4	3	5	4	4	4	5	4	4	5
4	4	4	4	1	3	4	4	2	3

21	22	23	24	25	26	27	28	29	30
9	8	7	6	5	4	3	2	7	8
4	8	5	5	4	4	1	1	9	5
1	5	2	4	5	5	4	1	3	1
4	4	4	4	4	6	4	4	5	4
3	3	2	4	1	2	7	5	4	3

주판으로 배우는 암산 수학
매직셈

헉! 어려운 10단위가?

하지만 어려워하지 않아도 됩니다.

1단위를 두 번 계산하면 되지요. (앞자리에서 한번~ 뒷자리에서 한번~)
10단위는 10단위대로, 1단위는 1단위대로, 짝을 이용한 덧셈을 하면 돼요~

 주판으로 해 보세요.

1	2	3	4	5	6	7	8	9	10
42	21	30	40	40	11	22	31	14	12
42	41	40	0	40	44	44	13	30	42
10	31	22	40	12	33	20	44	40	30

11	12	13	14	15	16	17	18	19	20
15	25	33	30	16	22	27	33	11	29
40	41	40	0	40	40	41	45	42	30
11	11	25	40	10	16	20	11	30	40

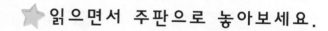 읽으면서 주판으로 놓아보세요.

1	8 − 6 + 4 + 4 =	6	36 − 6 + 14 + 44 =
2	18 − 7 + 40 + 30 =	7	29 − 7 + 6 + 40 =
3	26 + 40 − 6 + 21 =	8	27 − 6 + 40 − 1 =
4	26 + 40 + 30 − 6 =	9	45 + 40 − 5 + 3 =
5	27 + 1 + 40 + 9 =	10	14 + 40 − 4 + 25 =

주판에 놓인 수와 아래 수를 암산으로 해 보세요.

1	2	3	4	5
4	8	9	7	4
8	3	4	7	5

6	7	8	9	10
5	6	4	−5	8
5	3	7	9	9

11	12	13	14	15
−5	−5	4	1	6
3	2	2	8	−6
6	9	7	−7	7

연산학습

Q 1 ☐안에 알맞은 수를 써넣으시오.

① 9 + 3

☐ + ☐ + 2

10 + ☐ = ☐

② 7 + 6

3 + ☐ + ☐

☐ + 10 = ☐

③ 5 + 6

1 + ☐ + ☐

☐ + 10 = ☐

④ 8 + 4

☐ + ☐ + 2

10 + ☐ = ☐

Q 2 계산을 하시오.

① ☐
　38
＋　6

② ☐
　26
＋　7

③ ☐
　29
＋　6

④ ☐
　19
＋　4

Q 3 관계있는 것끼리 선을 이으시오.

① 27 + 3 ·　　· 6 + 12

14 + 4 ·　　· 3 + 19

18 + 4 ·　　· 24 + 6

② 29 + 8 ·　　· 14 + 9

14 + 5 ·　　· 11 + 8

19 + 4 ·　　· 33 + 4

실력쑥쑥

⭐ 주판으로 해 보세요.

1	2	3	4	5	6	7	8	9	10
1	2	3	4	5	6	7	8	9	9
9	8	7	6	5	4	3	2	1	5
4	2	3	1	3	4	2	3	4	4
1	3	2	4	3	2	4	4	1	3
5	3	4	3	5	1	2	3	3	2

11	12	13	14	15	16	17	18	19	20
1	2	5	5	2	7	3	6	8	4
9	7	3	4	7	4	5	5	5	4
1	3	4	5	5	4	5	3	1	5
4	3	4	2	2	1	3	7	2	8
4	4	3	4	3	3	4	4	2	4

⭐ 머릿속에 주판을 그려 암산을 해 보세요.

1	2	3	4	5	6	7	8	9	10
9	8	7	6	5	4	7	2	7	8
4	5	8	5	4	3	4	1	9	4
3	2	3	4	3	5	4	2	3	7

⭐ 주판으로 해 보세요.

1	2	3	4	5	6	7	8	9	10
9	8	7	6	5	4	3	2	7	8
4	5	5	5	4	3	1	1	9	5
1	3	2	3	5	5	7	1	3	2
4	2	4	3	3	6	4	2	8	4
7	3	9	3	1	7	3	5	3	3

11	12	13	14	15	16	17	18	19	20
4	2	7	6	7	3	4	9	4	6
2	7	2	5	2	1	2	1	7	9
3	1	2	3	1	3	5	4	4	4
9	4	4	3	4	2	3	5	2	3
2	1	3	2	2	1	8	2	3	3

⭐ 머릿속에 주판을 그려 암산을 해 보세요.

1	2	3	4	5	6	7	8	9	10
4	6	8	7	5	4	7	2	7	8
9	3	7	5	4	3	4	1	9	4
3	2	3	3	4	9	3	3	5	3

실력쑥쑥

⭐ 주판으로 해 보세요.

1	2	3	4	5	6	7	8	9	10
12	12	13	14	51	26	17	18	19	19
13	18	71	63	15	14	23	12	11	51
4	2	3	1	3	4	2	3	4	4
1	3	2	4	3	2	4	4	1	3
5	3	4	3	5	1	2	3	3	2

11	12	13	14	15	16	17	18	19	20
1	2	5	5	2	7	3	6	8	4
15	5	13	4	16	24	15	5	25	4
1	12	21	30	21	34	15	13	1	5
4	3	4	2	2	1	3	17	2	18
4	4	3	4	4	3	4	4	2	14

⭐ 머릿속에 주판을 그려 암산을 해 보세요.

1	2	3	4	5	6	7	8	9	10
8	8	7	9	5	4	7	2	7	8
2	1	9	7	3	2	5	1	9	3
3	2	3	5	4	5	2	3	4	3
4	4	6	4	3	8	3	5	6	1

올셈 2단계

⭐ 주판으로 해 보세요.

1	2	3	4	5	6	7	8	9	10
8	18	17	16	32	14	23	25	17	28
21	5	5	23	1	3	1	4	9	5
10	33	12	3	22	31	17	20	33	-2
4	2	4	3	2	-6	4	-3	-8	4
5	3	3	3	5	7	-5	1	3	13

11	12	13	14	15	16	17	18	19	20
14	32	27	26	17	23	4	9	4	16
2	7	2	5	12	17	12	1	17	9
13	1	10	3	1	3	5	14	4	24
-9	54	4	3	4	2	3	5	12	-3
2	1	3	8	3	1	18	12	3	2

⭐ 머릿속에 주판을 그려 암산을 해 보세요.

1	1 + 9 + 3 + 9 =	6	2 + 5 + 2 + 5 =
2	8 + 5 + 3 + 4 =	7	6 + 5 + 3 + 4 =
3	1 + 4 + 4 + 3 =	8	4 + 2 + 5 + 7 =
4	6 + 4 + 3 + 3 =	9	2 + 1 + 3 + 5 =
5	7 + 8 + 4 + 3 =	10	8 + 3 + 3 + 3 =

모양보수(꼬리셈)의 덧셈

10의 보수와 5의 짝을 동시에 이용하는 덧셈입니다.
5이상의 수에 6,7,8,9를 더할 때 하는 방식으로 모양을 따져서 더해주면 아주 쉬워요.

6,7,8,9의 모양을 먼저 공부해 볼까요?

$5 + 1 = 6$

$5 + 2 = 7$

윗알 〈5〉는 머리
아래 알 〈1,2〉는 꼬리

$5 + 3 = 8$

$5 + 4 = 9$

윗알 〈5〉는 머리
아래 알 〈3,4〉는 꼬리

1 ☐안에 알맞은 수를 써넣어 보세요. (☐안의 수는 모양셈의 꼬리알기)

$5 + \boxed{} = 6$ $5 + \boxed{} = 8$

$5 + \boxed{} = 7$ $5 + \boxed{} = 9$

2 ☐안에 알맞은 수를 써넣어 보세요. (수를 가르기 해 봅시다.)

6		7		9		8		5
5		5		5		5		0

9		8		7		6		5
	4		3		2		1		5

3 ☐안에 알맞은 수를 써넣어 보세요. (수를 모으기 해 봅시다.)

1	5		2	5		3	5		4	5		0	5

5	2		5	3		5	4		5	1		5	0

10과 5를 활용한 6의 덧셈

TIP

①	②	
10 ↑	5 ↑ 1 ↑	동시에 올린다
	(6의 모양)	

$5 + 6 = 11$ 〈4종류=5+6, 6+6, 7+6, 8+6〉

일의 자리에 검지로
5를 놓습니다.

5에 6을 더할 수 없으므로
앞자리(십의 자리)에
1을 올려주고...

6의 보수 4를 뺄 수 없으므로
6의 모양(5와 1)을 엄지와
검지로 동시에 올려줍니다.

⭐ 주판으로 해 보세요.

1	2	3	4	5	6	7	8	9	10
5	2	4	5	7	6	4	2	4	3
0	3	2	1	6	2	4	6	3	5
6	6	6	6	3	6	6	6	6	6

11	12	13	14	15	16	17	18	19	20
4	1	4	6	4	4	1	3	2	1
0	3	1	6	1	8	3	2	5	6
1	1	6	5	6	4	2	6	6	1
6	6	4	1	9	6	6	1	1	6

★ 주판으로 해 보세요.

1	2	3	4	5	6	7	8	9	10
1	4	3	3	9	2	7	3	4	6
3	1	7	2	1	6	1	1	8	6
1	6	5	6	6	6	6	1	7	5
6	1	6	2	6	1	5	6	6	6

11	12	13	14	15	16	17	18	19	20
9	3	4	4	4	2	3	1	4	4
4	5	7	1	3	6	2	4	6	1
2	6	4	6	6	6	1	1	7	6
6	2	6	5	2	5	6	6	6	7

21	22	23	24	25	26	27	28	29	30
8	7	8	6	4	9	5	1	9	3
6	3	6	6	4	6	1	3	2	1
3	7	1	4	6	2	6	2	7	4
1	6	1	1	4	6	7	6	6	6

올셈 2단계

실력쑥쑥

 주판으로 해 보세요.

올셈 2단계

1	2	3	4	5	6	7	8	9	10
1	2	3	4	5	6	7	8	9	9
9	8	7	6	5	4	3	2	1	5
4	4	4	4	4	4	4	4	4	1
1	1	1	1	1	1	1	1	1	6
6	6	6	6	6	6	6	6	6	2

11	12	13	14	15	16	17	18	19	20
1	3	5	1	2	7	3	8	8	4
8	7	3	4	7	4	5	5	5	1
2	3	1	2	8	3	1	3	1	5
5	3	7	6	6	2	7	2	2	6
6	6	6	4	1	6	6	6	6	6

21	22	23	24	25	26	27	28	29	30
9	8	7	6	5	4	3	2	7	3
4	8	6	5	4	2	1	1	6	4
1	1	2	3	5	5	3	1	3	6
3	6	1	2	3	6	6	3	5	6
6	1	2	6	6	6	7	6	1	3

하지만 어려워하지 않아도 됩니다.

1단위를 두 번 계산하면 되지요. (앞자리에서 한번~ 뒷자리에서 한번~)
10단위는 10단위대로, 1단위는 1단위대로, 짝을 이용한 덧셈을 하면 돼요~

⭐ 주판으로 해 보세요.

1	2	3	4	5	6	7	8	9	10
40	20	30	70	40	15	22	14	55	12
10	40	40	0	40	1	5	3	0	6
60	60	60	60	62	16	16	16	16	16

11	12	13	14	15	16	17	18	19	20
50	10	25	18	35	37	26	67	58	80
60	70	6	6	6	6	6	60	61	60
60	60	17	65	56	51	67	3	8	50

⭐ 읽으면서 주판으로 놓아보세요.

1	8 − 6 + 26 + 6 =	6	25 + 6 + 12 + 6 =
2	18 − 7 + 6 + 6 =	7	29 − 7 + 6 + 6 =
3	16 + 6 + 6 − 7 =	8	17 − 6 + 7 + 6 =
4	26 + 2 + 10 + 6 =	9	28 + 6 − 3 + 7 =
5	17 + 6 + 20 + 5 =	10	14 + 21 + 6 + 8 =

⭐ 주판에 놓인 수와 아래 수를 암산으로 해 보세요.

1	2	3	4	5	6	7	8
3	9	9	4	7	7	4	2
8	7	3	6	5	5	7	3

9	10	11	12	13	14	15	16
−1	8	−5	−5	4	6	9	3
4	5	6	8	3	3	5	4
1	8	9	1	6	−6	1	5

17	18	19	20	21	22	23	24
1	7	2	4	4	−6	3	3
−7	4	9	8	3	2	−5	3
3	5	4	3	2	5	4	3

10과 5를 활용한 7의 덧셈

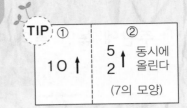
$5 + 7 = 12$　　〈3종류=5+7, 6+7, 7+7〉

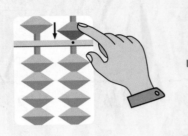

일의 자리에 검지로
5를 놓습니다.

→

5에 7을 더할 수 없으므로
앞자리(십의 자리)에
1을 올려주고...

→

7의 보수 3을 뺄 수 없으므로
7의 모양(5와 2)을 엄지와
검지로 동시에 올려줍니다.

 주판으로 해 보세요.

1	2	3	4	5	6	7	8	9	10
5	2	4	5	7	5	4	1	4	3
0	3	2	1	7	2	3	6	2	2
7	7	7	7	3	7	7	7	7	7

11	12	13	14	15	16	17	18	19	20
4	1	4	6	4	4	2	5	2	1
0	3	1	7	2	8	2	2	4	5
1	1	7	5	7	4	3	7	7	1
7	7	4	1	9	7	7	1	1	7

주판으로 배우는 암산 수학
매직셈

⭐ 주판으로 해 보세요.

1	2	3	4	5	6	7	8	9	10
1	4	3	3	9	2	6	3	9	6
3	1	7	1	1	5	1	1	1	7
1	7	5	7	6	7	7	1	7	5
7	1	7	2	7	1	5	7	7	6

11	12	13	14	15	16	17	18	19	20
8	6	4	4	4	2	3	1	4	4
4	1	7	1	3	5	2	4	6	1
5	7	4	7	7	7	1	1	7	7
7	7	7	5	2	5	7	7	7	7

21	22	23	24	25	26	27	28	29	30
6	7	7	6	4	9	5	1	9	2
7	3	7	7	3	6	1	3	6	1
1	7	1	4	7	2	7	2	7	3
5	7	1	1	4	7	7	7	2	7

⭐ 주판으로 해 보세요.

1	2	3	4	5	6	7	8	9	10
1	2	3	4	5	6	7	8	9	9
9	8	7	6	5	4	3	2	1	5
4	4	4	4	4	4	4	4	4	1
1	1	1	1	1	1	1	1	1	7
7	7	7	7	7	7	7	7	7	7

11	12	13	14	15	16	17	18	19	20
1	3	5	1	2	7	3	9	8	4
8	7	3	4	7	4	5	1	5	1
2	3	1	2	8	3	1	3	1	5
5	3	7	7	7	2	7	2	2	6
7	7	7	4	1	7	7	7	7	7

21	22	23	24	25	26	27	28	29	30
9	8	7	6	5	4	3	2	7	3
4	8	7	5	4	2	1	1	7	4
1	1	2	3	5	5	3	2	3	7
3	7	1	2	3	6	7	7	5	6
7	1	2	7	7	7	7	3	1	3

헉! 어려운 10단위가?

하지만 어려워하지 않아도 됩니다.

1단위를 두 번 계산하면 되지요. (앞자리에서 한번~ 뒷자리에서 한번~)
10단위는 10단위대로, 1단위는 1단위대로, 짝을 이용한 덧셈을 하면 돼요~

⭐ 주판으로 해 보세요.

1	2	3	4	5	6	7	8	9	10
40	20	30	70	40	15	22	14	55	12
10	40	40	0	20	1	5	3	0	4
70	70	70	70	72	17	17	17	17	17

11	12	13	14	15	16	17	18	19	20
50	62	32	65	41	52	33	24	26	36
70	70	21	0	32	4	3	3	1	7
16	50	75	72	72	27	57	17	57	55

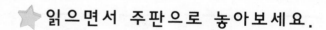

⭐ 읽으면서 주판으로 놓아보세요.

1 8 - 6 + 25 + 7 =	6 25 + 7 + 12 + 5 =
2 18 - 7 + 6 + 7 =	7 29 - 7 + 5 + 7 =
3 16 + 7 + 6 + 7 =	8 17 - 6 + 6 + 7 =
4 24 + 2 + 10 + 7 =	9 25 + 7 - 2 + 7 =
5 17 + 7 + 20 + 5 =	10 14 + 21 + 7 + 6 =

★ 주판에 놓인 수와 아래 수를 암산으로 해 보세요.

1	2	3	4	5	6	7	8
4	8	5	4	7	5	4	2
8	6	7	7	4	5	8	3

9	10	11	12	13	14	15	16
−1	8	−5	−5	4	5	7	2
4	3	3	8	3	3	5	4
5	3	1	1	7	−6	1	7

17	18	19	20	21	22	23	24
3	4	−5	−7	2	4	7	2
4	3	3	8	3	3	7	4
5	4	2	1	6	−5	1	8

올셈 2단계

연산학습

Q 1 ☐안에 알맞은 수를 써넣으시오.

① 6 + 7 = 6 + ☐ + 3 = ☐

② 9 + 8 = 9 + ☐ + 7 = ☐

③ 7 + 4 = 7 + ☐ + 1 = ☐

④ 8 + 6 = 8 + ☐ + 4 = ☐

⑤ 6 + 5 = 6 + ☐ + 1 = ☐

⑥ 4 + 9 = 4 + ☐ + 3 = ☐

Q 2 계산을 하시오.

①
```
  1 3
+   4
```

②
```
  1 4
+   2
```

③ ☐
```
  2 5
+   7
```

④ ☐
```
  2 9
+   7
```

⑤ ☐
```
  1 7
+ 1 6
```

⑥
```
  2 4
+ 1 1
```

⑦ ☐
```
  2 7
+ 1 8
```

⑧
```
  1 2
+ 2 7
```

Q 3 ☐안에 알맞은 수를 써넣으시오.

① 21 + 19 + 42 = ☐ + 42 = ☐

② 26 + 18 + 25 = 26 + ☐ = ☐

③ 27 + 35 + 12 = ☐ + 12 = ☐

④ 42 + 15 + 15 = 42 + ☐ = ☐

10과 5를 활용한 8의 덧셈

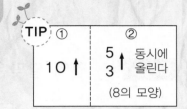

TIP ① ②
10 ↑   5 ↑ 동시에
         3 ↑ 올린다
        (8의 모양)

$5 + 8 = 13$ 〈2종류=5+8, 6+8〉

 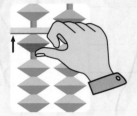 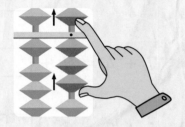

일의 자리에 검지로
5를 놓습니다.

5에 8을 더할 수 없으므로
앞자리(십의 자리)에
1을 올려주고...

8의 보수 2를 뺄 수 없으므로
8의 모양(5와 3)을 검지와
엄지로 동시에 올려줍니다.

⭐ 주판으로 해 보세요.

1	2	3	4	5	6	7	8	9	10
5	2	4	5	6	5	2	1	4	3
0	3	2	1	8	8	4	5	1	3
8	8	8	8	3	2	8	8	8	8

11	12	13	14	15	16	17	18	19	20
4	1	4	6	4	4	2	5	2	1
0	3	1	8	2	8	1	1	3	4
1	1	8	5	8	4	2	8	8	1
8	8	4	1	9	8	8	1	1	8

⭐ 주판으로 해 보세요.

1	2	3	4	5	6	7	8	9	10
1	4	3	2	9	2	5	3	4	6
3	1	7	4	1	5	1	1	6	8
1	8	5	8	6	7	8	1	6	5
8	1	8	2	8	8	5	8	8	6

11	12	13	14	15	16	17	18	19	20
5	3	4	4	3	2	3	1	4	4
8	5	7	1	3	4	2	4	6	1
1	8	4	8	8	8	1	1	7	8
8	8	8	5	2	5	8	8	8	4

21	22	23	24	25	26	27	28	29	30
9	7	7	6	4	9	5	1	6	2
6	3	8	8	3	4	1	3	8	1
8	8	1	4	8	3	8	2	2	3
2	5	8	1	8	8	7	8	3	8

실력쑥쑥

⭐ 주판으로 해 보세요.

1	2	3	4	5	6	7	8	9	10
1	2	3	4	5	6	7	8	9	6
9	8	7	6	5	4	3	2	1	5
4	2	4	3	4	2	4	4	2	4
1	4	1	2	1	3	1	2	3	6
8	8	8	8	8	8	8	8	8	8

11	12	13	14	15	16	17	18	19	20
1	3	5	1	2	7	3	7	8	4
8	7	3	4	7	4	5	5	5	1
2	3	1	1	7	3	1	2	1	5
5	3	7	8	8	2	6	2	2	6
8	8	8	4	1	8	8	8	8	8

21	22	23	24	25	26	27	28	29	30
9	8	7	6	5	4	3	2	7	3
4	8	7	5	4	2	1	1	7	4
1	1	2	3	5	8	2	1	7	8
2	8	8	2	2	6	8	2	8	8
8	8	2	8	8	7	7	8	1	3

하지만 어려워하지 않아도 됩니다.

1단위를 두 번 계산하면 되지요. (앞자리에서 한번~ 뒷자리에서 한번~)
10단위는 10단위대로, 1단위는 1단위대로, 모양 보수를 이용한 덧셈을 하면 돼요~

⭐ 주판으로 해 보세요.

1	2	3	4	5	6	7	8	9	10
40	20	30	60	40	15	22	14	55	12
10	40	30	0	20	1	4	2	0	4
80	80	80	80	82	18	18	18	18	18

11	12	13	14	15	16	17	18	19	20
50	63	76	23	72	63	32	13	51	59
6	3	8	3	4	80	36	40	80	8
28	18	50	58	18	6	80	81	9	80

⭐ 읽으면서 주판으로 놓아보세요.

1	$8 - 6 + 23 + 8 =$	6	$25 + 8 + 12 + 3 =$
2	$18 - 7 + 5 + 8 =$	7	$29 - 7 + 4 + 8 =$
3	$16 + 8 - 3 + 7 =$	8	$17 - 6 + 5 + 8 =$
4	$25 + 8 + 10 + 7 =$	9	$22 + 5 - 2 + 8 =$
5	$16 + 8 + 20 + 5 =$	10	$14 + 21 + 8 + 6 =$

주판에 놓인 수와 아래 수를 암산으로 해 보세요.

1	2	3	4	5	6	7	8
6	2	4	3	7	7	4	3
7	9	7	9	4	5	8	5

9	10	11	12	13	14	15	16
−1	7	−5	−2	4	3	7	2
4	9	8	8	6	3	5	5
9	3	6	4	5	−5	3	8

17	18	19	20	21	22	23	24
3	4	−5	−7	2	4	7	5
5	5	4	9	7	5	4	4
5	7	5	1	5	−5	1	9

연산학습

Q 1 ☐ 안에 알맞은 수를 써넣으시오.

① 3 + 9 = ☐ + 1 + 9 = ☐

② 7 + 7 = 7 + ☐ + 4 = ☐

③ 5 + 7 = ☐ + 3 + 7 = ☐

④ 8 + 7 = 8 + ☐ + 5 = ☐

⑤ 6 + 8 = ☐ + 2 + 8 = ☐

⑥ 6 + 7 = 6 + ☐ + 3 = ☐

Q 2 계산을 하시오.

①
```
  2 1
+   4
```

②
```
  ☐
  1 9
+   3
```

③
```
  ☐
  2 6
+   7
```

④
```
  ☐
  1 5
+   5
```

⑤
```
  1 2
+ 1 4
```

⑥
```
  ☐
  1 8
+ 2 3
```

⑦
```
  ☐
  2 9
+ 3 3
```

⑧
```
  3 4
+ 2 3
```

Q 3 ☐ 안에 알맞은 수를 써넣으시오.

①
```
  3 6        → ☐
+ 1 2
  ☐       + 2 1
            ☐
```

②
```
  2 7        → ☐
+ 2 0
  ☐       + 2 3
            ☐
```

③
```
  4 5        → ☐
+ 1 8
  ☐       + 2 9
            ☐
```

④
```
  3 4        → ☐
+ 2 1
  ☐       + 1 2
            ☐
```

10과 5를 활용한 9의 덧셈

$5 + 9 = 14$ 〈1종류=5+9〉

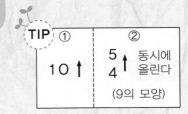

TIP ① 10 ↑ ② 5 ↑ / 4 ↑ 동시에 올린다 (9의 모양)

일의 자리에 검지로
5를 놓습니다.

→

5에 9를 더할 수 없으므로
앞자리에 1을 올려주고...

→

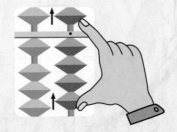

9의 보수 1을 뺄 수 없으므로
9의 모양(5와 4)을 엄지와
검지로 동시에 올려줍니다.

⭐ 주판으로 해 보세요.

1	2	3	4	5	6	7	8	9	10
5	2	4	1	0	7	6	3	8	9
0	3	1	4	5	−2	−1	2	−3	−4
9	9	9	9	9	9	9	9	9	9

11	12	13	14	15	16	17	18	19	20
4	1	4	5	4	4	2	5	2	1
0	3	1	9	2	3	1	1	3	4
1	1	9	5	−1	−2	2	−1	9	9
9	9	4	−1	9	9	9	9	1	8

⭐ 주판으로 해 보세요.

1	2	3	4	5	6	7	8	9	10
1	4	3	1	9	2	3	3	8	6
3	1	7	4	1	5	3	1	2	4
1	9	5	9	5	−2	−1	1	5	5
9	1	9	−2	9	9	9	9	9	9

11	12	13	14	15	16	17	18	19	20
9	3	4	4	3	2	5	1	4	4
−4	5	7	1	2	4	1	4	6	1
9	−3	4	9	9	−1	9	9	5	9
8	9	9	8	2	9	9	7	9	3

21	22	23	24	25	26	27	28	29	30
8	7	7	6	4	9	5	2	8	2
−3	3	8	9	3	4	1	3	−3	0
9	5	9	9	8	2	−1	9	9	3
1	9	8	1	9	9	9	8	6	9

실력쑥쑥

⭐ 주판으로 해 보세요.

1	2	3	4	5	6	7	8	9	10
1	2	3	4	5	6	7	8	9	6
9	8	7	6	5	4	3	2	1	5
4	2	4	3	4	2	4	3	2	4
1	3	1	2	1	3	1	2	3	9
9	9	9	9	9	9	9	9	9	4

11	12	13	14	15	16	17	18	19	20
1	3	5	1	2	7	3	6	8	4
8	7	3	4	7	4	5	5	5	1
2	3	1	1	6	3	1	4	1	5
4	2	6	9	9	1	6	9	1	5
9	9	9	9	1	9	9	1	9	9

21	22	23	24	25	26	27	28	29	30
9	8	7	6	5	4	3	2	7	3
4	7	7	5	4	7	1	1	7	4
1	9	1	4	5	8	2	1	1	8
1	2	9	9	1	6	9	1	9	9
9	9	2	8	9	9	9	9	1	3

올셈 2단계

헉! 어려운 10단위가?

하지만 어려워하지 않아도 됩니다.

1단위를 두 번 계산하면 되지요. (앞자리에서 한번~ 뒷자리에서 한번~)
10단위는 10단위대로, 1단위는 1단위대로, 9의 모양 보수를 이용한 덧셈을 하면 돼요~

 주판으로 해 보세요.

1	2	3	4	5	6	7	8	9	10
40	20	30	60	40	15	22	14	55	12
10	30	30	90	11	0	4	1	0	3
90	90	80	90	92	19	19	19	19	19

11	12	13	14	15	16	17	18	19	20
50	31	42	36	54	2	55	35	26	17
90	22	12	22	90	12	9	9	9	8
20	90	95	91	55	59	25	50	59	19

읽으면서 주판으로 놓아보세요.

1	$8 - 6 + 23 + 8 =$
2	$18 - 7 + 5 + 8 =$
3	$16 + 8 - 1 + 9 =$
4	$25 + 9 + 10 + 5 =$
5	$15 + 9 + 20 + 5 =$

6	$25 + 9 + 12 + 2 =$
7	$29 - 7 + 3 + 9 =$
8	$17 - 6 + 4 + 9 =$
9	$22 + 5 - 2 + 9 =$
10	$15 + 9 + 4 - 5 =$

★ 주판에 놓인 수와 아래 수를 암산으로 해 보세요.

1	2	3	4	5	6	7	8
4	6	5	7	9	6	4	3
7	5	4	5	9	8	9	5

9	10	11	12	13	14	15	16
−1	7	−5	−2	5	3	7	2
3	9	8	8	8	6	5	5
12	13	7	12	11	13	5	5

17	18	19	20	21	22	23	24
2	3	−5	−7	2	−1	7	5
5	5	4	9	5	5	2	4
5	7	5	4	4	4	3	5

올셈 2단계

연산학습

Q 1 ☐안에 알맞은 수를 써넣으시오.

① 7 + 9 = 7 + 3 + ☐ = ☐

② 4 + 8 = ☐ + 2 + 8 = ☐

③ 8 + 5 = 8 + 2 + ☐ = ☐

④ 9 + 6 = ☐ + 4 + 6 = ☐

⑤ 7 + 5 = 7 + 3 + ☐ = ☐

⑥ 6 + 6 = ☐ + 4 + 6 = ☐

Q 2 계산을 하시오.

①
```
  26
+ 30
────
```

②
```
  41
+ 26
────
```

③
```
☐
  29
+ 14
────
```

④
```
☐
  47
+ 19
────
```

Q 3 ☐안에 알맞은 수를 써넣으시오.

① 36 + 13 + 12 = ☐

```
  36        ☐
+ 13      + 12
────      ────
 ☐         ☐
```

② 17 + 21 + 53 = ☐

```
  17        ☐
+ 21      + 53
────      ────
 ☐         ☐
```

③ 22 + 27 + 15 = ☐

```
  22        ☐
+ 27      + 15
────      ────
 ☐         ☐
```

④ 24 + 25 + 13 = ☐

```
  24        ☐
+ 25      + 13
────      ────
 ☐         ☐
```

종합연습문제

1	2	3	4	5	6	7	8	9	10
8	8	7	3	9	9	8	4	2	4
4	6	6	8	8	−6	−3	8	3	7
4	9	8	4	8	2	3	3	9	5
6	−3	4	7	9	9	9	9	6	8

11	12	13	14	15	16	17	18	19	20
7	5	3	8	8	2	9	2	8	6
8	9	9	7	3	9	3	3	7	8
9	4	6	7	4	4	4	9	9	1
9	8	6	9	9	9	8	7	3	9

21	22	23	24	25	26	27	28	29	30
26	19	27	15	21	23	21	27	23	28
9	−6	8	9	9	7	8	5	7	7
9	2	9	2	7	8	7	4	6	6
4	9	−4	7	6	6	6	6	8	8

⭐ 주판으로 해 보세요.

1	2	3	4	5	6	7	8	9	10
5	1	9	3	9	2	5	3	4	3
8	7	4	4	8	7	8	9	8	2
4	7	2	7	7	7	7	5	4	8
3	9	7	5	6	7	4	6	6	4

11	12	13	14	15	16	17	18	19	20
6	3	9	6	4	5	6	2	7	8
7	1	3	3	9	9	2	9	2	6
8	3	4	7	5	2	6	5	6	2
4	7	7	8	6	8	4	8	9	7

21	22	23	24	25	26	27	28	29	30
8	31	27	9	19	28	37	72	25	8
67	4	6	55	7	7	-6	6	9	58
9	9	3	7	8	7	4	6	4	6
-4	2	8	4	4	3	8	7	3	3

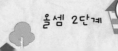

⭐ 주판으로 해 보세요.

1	2	3	4	5	6	7	8	9	10
9	4	6	9	6	5	4	9	1	4
6	5	8	6	7	7	7	7	6	8
3	6	2	7	6	3	7	8	7	4
6	1	6	5	5	1	4	5	7	8
7	6	8	6	7	9	1	7	4	7

11	12	13	14	15	16	17	18	19	20
6	5	9	4	6	5	6	5	5	8
8	8	8	8	7	7	8	9	6	7
8	2	7	4	3	4	2	5	9	9
3	8	2	6	8	8	5	8	7	5
9	4	8	7	2	2	7	4	4	2

⭐ 읽으면서 주판으로 해 보세요.

1	$18 + 6 + 1 + 8 =$	6	$6 + 18 + 3 + 4 =$
2	$55 + 8 + 3 + 9 =$	7	$5 + 29 + 7 + 6 =$
3	$17 + 9 + 8 + 6 =$	8	$14 + 5 + 6 + 6 =$
4	$26 + 8 + 5 + 7 =$	9	$36 + 7 + 4 + 2 =$
5	$26 + 7 + 6 + 5 =$	10	$56 + 8 + 3 + 4 =$

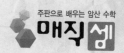

★ 주판으로 해 보세요.

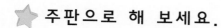

1	2	3	4	5	6	7	8	9	10
9	4	6	9	6	5	4	9	1	4
7	5	9	6	6	8	3	7	7	8
4	8	2	8	6	4	6	7	6	3
7	6	7	5	6	2	9	5	7	9
6	3	8	3	5	9	1	3	4	7

11	12	13	14	15	16	17	18	19	20
6	5	6	5	6	5	6	4	5	8
7	8	8	8	7	6	7	9	6	6
2	3	7	4	3	4	2	5	7	9
3	8	2	3	8	9	9	6	6	5
4	7	8	7	7	3	3	4	4	4

★ 읽으면서 주판으로 해 보세요.

1. 32 + 6 + 6 + 8 =
2. 15 + 8 + 2 + 6 =
3. 24 + 3 + 6 + 9 =
4. 22 + 6 + 6 + 7 =
5. 27 + 7 + 3 + 5 =

6. 6 + 17 + 3 + 12 =
7. 5 + 19 + 17 + 2 =
8. 14 + 5 − 3 + 17 =
9. 29 + 6 + 4 + 13 =
10. 66 + 8 + 6 + 16 =

1	2	3	4	5	6	7	8	9	10
7	5	4	7	7	3	3	2	7	6
9	1	2	8	6	5	5	4	9	7
6	8	8	7	9	6	6	8	8	9
5	6	4	2	2	8	9	7	2	1
3	3	7	4	3	5	7	4	5	4

11	12	13	14	15	16	17	18	19	20
3	7	8	9	6	5	3	6	5	6
4	6	6	3	8	9	7	4	9	8
6	4	7	4	2	4	5	5	3	3
1	9	4	8	5	1	7	8	9	9
5	3	2	3	4	2	4	5	5	9

21	22	23	24	25	26	27	28	29	30
33	17	38	25	16	15	23	36	25	16
24	16	21	14	28	56	14	46	59	49
6	9	9	-3	2	4	6	5	3	3
2	3	8	8	-5	-5	5	-6	9	-6
7	3	3	5	7	8	7	5	2	9

⭐ 주판으로 해 보세요.

1	2	3	4	5	6	7	8	9	10
8	4	9	4	3	7	6	3	8	2
7	9	8	2	2	6	8	7	4	8
9	4	3	8	9	9	4	5	3	4
3	7	6	5	4	9	2	9	8	7
4	6	7	8	1	8	1	5	5	3

11	12	13	14	15	16	17	18	19	20
6	7	5	1	5	4	8	7	3	3
8	5	8	4	9	7	6	6	6	9
5	4	1	9	6	3	9	9	7	3
9	7	2	8	9	1	2	0	8	9
8	3	3	2	9	7	4	3	4	4

21	22	23	24	25	26	27	28	29	30
35	46	56	38	27	39	29	12	16	55
8	2	7	6	6	7	8	4	8	9
41	25	21	35	52	37	26	17	15	17
4	8	4	4	9	6	4	9	4	4
6	3	4	3	3	9	8	3	3	6

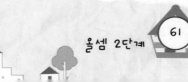

⭐ 주판으로 해 보세요.

1	2	3	4	5	6	7	8	9	10
5	9	7	9	4	9	4	5	9	2
9	6	6	7	8	4	8	4	1	9
3	6	5	6	6	2	4	2	6	7
7	1	7	4	7	8	7	4	7	6
8	5	9	8	9	5	5	8	3	3

11	12	13	14	15	16	17	18	19	20
9	9	2	5	7	6	7	6	7	9
6	8	8	3	4	7	7	8	7	7
4	9	9	6	4	5	9	8	5	8
3	8	6	8	7	3	2	5	3	3
6	9	7	3	9	8	5	3	2	6

⭐ 읽으면서 주판으로 해 보세요.

1	25 + 8 + 32 + 4 =
2	33 + 24 + 6 + 7 =
3	36 + 36 + 7 + 4 =
4	37 + 5 + 26 + 9 =
5	24 + 3 + 16 + 6 =

6	34 + 2 + 28 + 9 =
7	15 + 9 + 37 + 8 =
8	54 + 3 + 26 + 4 =
9	42 + 6 + 26 + 3 =
10	25 + 6 + 32 + 7 =

⭐ 주판으로 해 보세요.

1	2	3	4	5	6	7	8	9	10
7	5	6	2	8	7	5	2	5	9
9	7	8	4	6	7	3	4	9	8
8	9	2	7	7	9	7	8	2	4
5	5	0	9	9	9	6	9	1	4
4	3	9	4	2	9	4	6	7	9

11	12	13	14	15	16	17	18	19	20
7	9	1	1	4	3	9	7	4	2
7	6	3	5	2	4	2	5	3	4
1	8	3	7	8	7	4	4	6	7
9	5	7	2	6	5	8	8	2	7
6	3	9	9	9	2	8	7	9	8

⭐ 읽으면서 주판으로 해 보세요.

1	41 + 4 + 37 + 9 =
2	31 + 24 + 9 + 2 =
3	16 + 56 + 7 + 6 =
4	14 + 5 + 59 + 6 =
5	54 + 3 + 27 + 9 =

6	34 + 3 + 26 + 3 =
7	55 + 9 + 17 + 4 =
8	53 + 3 + 18 + 4 =
9	43 + 2 + 29 + 4 =
10	25 + 6 + 34 + 7 =

주의할 덧셈 (50만들기)

⭐ 주판으로 해 보세요.

1	2	3	4	5	6	7	8	9	10
48	49	42	41	46	43	44	45	46	47
7	6	8	9	4	8	9	5	5	8

11	12	13	14	15	16	17	18	19	20
3	5	3	7	2	8	6	7	9	8
45	41	42	49	49	41	45	43	44	42
7	9	5	3	5	7	7	7	3	6

21	22	23	24	25	26	27	28	29	30
23	13	23	22	18	19	14	12	12	15
25	36	24	24	27	27	33	33	29	29
9	9	4	4	9	6	3	8	9	6

주판으로 주의할 덧셈 50만들기를 해 보세요.

 주판으로 해 보세요.

1	2	3	4	5	6	7	8	9	10
17	25	19	15	14	23	15	18	14	23
18	11	18	18	18	12	23	21	21	14
19	17	14	17	19	15	17	18	17	18

11	12	13	14	15	16	17	18	19	20
25	23	28	13	12	13	15	17	14	24
11	12	19	24	26	19	13	12	22	13
14	15	14	18	13	18	29	24	19	19

21	22	23	24	25	26	27	28	29	30
23	13	23	22	18	19	14	13	12	25
25	36	24	24	35	17	23	34	18	15
9	7	5	9	9	8	9	8	17	8
9	4	4	2	2	9	5	2	4	13

주판으로 주의할 덧셈 50만들기를 해 보세요.

⭐ 주판으로 해 보세요.

1	2	3	4	5	6	7	8	9	10
17	25	19	15	13	25	17	18	14	23
16	14	17	16	19	12	13	21	27	24
15	11	19	17	17	15	17	14	9	8
3	4	9	5	9	6	6	5	13	15

11	12	13	14	15	16	17	18	19	20
15	23	28	13	12	13	15	17	14	24
11	13	8	16	16	11	13	12	12	13
7	2	15	3	8	3	5	7	6	9
17	13	14	18	14	25	19	16	19	19

21	22	23	24	25	26	27	28	29	30
25	38	29	25	33	34	27	28	32	22
9	5	8	7	7	2	4	6	4	4
17	13	16	18	5	17	19	4	8	27
9	6	3	4	7	3	7	18	17	8
3	7	5	3	13	6	9	7	6	5

주판으로 주의할 덧셈 50만들기를 해 보세요.

⭐ 주판으로 해 보세요.

1	2	3	4	5	6	7	8	9	10
19	18	22	31	26	32	24	32	29	17
8	7	4	4	5	5	8	6	6	15
28	13	17	18	19	14	19	15	16	6
17	16	19	15	16	14	15	21	13	18

11	12	13	14	15	16	17	18	19	20
34	17	37	25	31	13	21	36	13	16
19	29	14	8	9	8	4	15	4	15
2	5	9	17	16	19	17	7	16	9
19	9	11	12	17	15	24	15	22	24

21	22	23	24	25	26	27	28	29	30
15	18	19	15	23	14	21	18	12	12
19	15	18	17	17	14	14	6	14	24
17	16	16	18	5	27	4	19	8	7
9	6	7	3	5	3	17	8	17	8
3	2	4	9	16	6	9	14	4	25

주의할 덧셈 (100만들기)

⭐ 주판으로 해 보세요.

1	2	3	4	5	6	7	8	9	10
92	99	98	97	96	98	99	95	98	96
8	7	5	4	6	2	5	9	7	8

11	12	13	14	15	16	17	18	19	20
95	92	98	91	94	95	96	93	99	94
5	9	9	9	6	7	4	8	9	7

21	22	23	24	25	26	27	28	29	30
96	93	95	95	98	97	96	98	94	96
7	9	8	6	3	7	5	6	8	9

31	32	33	34	35	36	37	38	39	40
2	99	84	17	86	75	9	7	64	8
98	2	17	87	15	26	95	97	37	95

 주판으로 해 보세요.

1	2	3	4	5	6	7	8	9	10
90	78	56	78	67	87	98	83	65	54
89	22	44	34	45	76	19	18	37	49

11	12	13	14	15	16	17	18	19	20
65	76	54	98	91	38	49	37	61	94
39	32	87	43	19	72	95	68	45	83

21	22	23	24	25	26	27	28	29	30
62	28	57	47	58	81	63	74	78	68
73	84	51	54	70	69	95	96	85	56

31	32	33	34	35	36	37	38	39	40
53	75	31	78	73	95	89	52	67	85
52	29	97	62	84	40	17	48	74	18

주판으로 주의할 덧셈 100만들기를 해 보세요.

⭐ 주판으로 해 보세요.

1	2	3	4	5	6	7	8	9	10
47	89	37	28	78	64	24	74	52	76
54	12	65	74	25	53	82	39	49	84
4	7	5	8	4	9	8	6	7	9

11	12	13	14	15	16	17	18	19	20
37	64	53	85	85	27	65	43	26	48
67	38	49	16	17	73	39	58	47	39
5	4	3	9	8	7	5	6	28	17

21	22	23	24	25	26	27	28	29	30
57	19	67	78	28	54	84	34	42	86
44	82	35	24	75	63	22	69	59	26
6	5	4	9	3	6	7	5	4	8

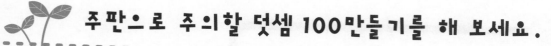 
⭐ 주판으로 해 보세요.

1	2	3	4	5	6	7	8	9	10
53	49	72	85	71	35	43	25	76	35
28	20	29	18	53	69	59	78	26	69
19	32	73	39	79	94	6	9	4	7

11	12	13	14	15	16	17	18	19	20
83	71	46	75	21	16	74	51	42	17
91	92	50	89	85	34	86	32	67	82
76	38	63	40	97	57	90	54	98	35

21	22	23	24	25	26	27	28	29	30
29	68	96	54	56	48	95	53	95	52
31	50	81	30	17	20	76	67	92	62
45	74	27	42	98	44	41	28	53	47

주의할 덧셈 종합연습

⭐ 주판으로 해 보세요.

1	2	3	4	5	6	7	8	9	10
8	7	7	8	6	7	9	9	8	4
43	16	35	23	17	54	36	25	36	39
4	6	4	9	8	6	8	5	4	6

11	12	13	14	15	16	17	18	19	20
47	89	37	28	78	64	24	74	52	76
54	12	65	74	25	53	82	39	49	84
4	7	5	8	4	9	8	6	7	9

평가

확인

⭐ 읽으면서 주판으로 해 보세요.

1. 31 + 4 + 7 + 9 =
2. 29 + 4 + 9 + 3 =
3. 26 + 9 + 7 + 6 =
4. 36 + 5 + 9 + 6 =
5. 27 + 8 + 7 + 4 =

6. 34 + 3 + 6 + 3 =
7. 43 + 9 + 4 + 9 =
8. 37 + 6 + 8 + 7 =
9. 44 + 3 + 9 + 5 =
10. 19 + 6 + 9 + 9 =

공부한 날
월
일

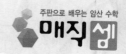

⭐ 주판으로 해 보세요.

걸린시간 (분   초)

1	2	3	4	5	6	7	8	9	10
7	8	9	7	8	9	2	7	2	6
14	23	17	22	16	16	25	14	19	17
5	6	6	6	1	6	7	4	4	3
27	17	18	16	26	28	16	28	39	28

11	12	13	14	15	16	17	18	19	20
5	9	7	9	9	2	5	7	6	9
37	25	28	22	19	39	28	18	28	34
4	3	6	5	8	6	8	8	7	3
57	65	64	77	68	58	79	74	59	77

⭐ 암산으로 해 보세요.

걸린시간 (분   초)

1	2	3	4	5	6	7	8	9	10
9	6	8	4	6	2	3	4	6	7
3	5	9	9	5	7	6	8	9	8
4	3	1	5	9	8	8	5	6	5
9	9	8	3	3	5	5	2	3	2

2단계 종합평가

1	2	3	4	5	6	7	8	9	10
2	3	7	2	3	6	2	3	7	4
3	8	6	7	6	8	4	8	5	6
9	2	9	4	9	9	6	6	4	9
5	4	4	5	6	5	8	7	2	8
8	7	8	6	2	4	6	4	6	7

11	12	13	14	15	16	17	18	19	20
9	2	8	9	7	2	4	8	2	3
1	7	4	5	5	5	9	6	9	3
3	9	3	1	3	8	6	4	6	7
6	0	2	3	6	0	6	3	4	1
5	5	8	7	4	8	9	7	8	8

읽으면서 주판으로 해 보세요.　　　걸린시간 (　　분　　초)

1	24 + 3 + 8 + 6 =	6	64 + 8 + 3 + 2 =
2	39 + 4 + 2 + 3 =	7	23 + 9 + 4 + 5 =
3	43 + 9 + 5 + 2 =	8	18 + 6 + 9 + 6 =
4	28 + 6 + 9 + 7 =	9	57 + 3 + 8 + 6 =
5	37 + 5 + 8 + 3 =	10	29 + 7 + 6 + 9 =

공부한 날

월
일

⭐ 주판으로 해 보세요.

걸린시간 (분   초)

1	2	3	4	5	6	7	8	9	10
2	4	8	3	4	2	4	4	2	8
45	26	25	43	37	44	26	25	36	19
4	6	4	9	9	6	8	5	4	6

11	12	13	14	15	16	17	18	19	20
24	35	57	46	13	31	64	75	53	68
3	5	4	6	8	4	6	3	2	7
78	59	46	32	67	58	29	16	17	16
2	7	9	7	6	7	8	4	4	6

⭐ 암산으로 해 보세요.

걸린시간 (분   초)

1	2	3	4	5	6	7	8	9	10
4	8	3	2	9	8	4	2	3	8
9	9	8	9	9	8	9	4	2	5
2	4	4	3	8	5	8	9	4	9
5	4	5	7	5	9	9	5	7	6

구 구 단 을 외 우 자

2 × 1 = 0 2	3 × 1 = 0 3	4 × 1 = 0 4
2 × 2 = 0 4	3 × 2 = 0 6	4 × 2 = 0 8
2 × 3 = 0 6	3 × 3 = 0 9	4 × 3 = 1 2
2 × 4 = 0 8	3 × 4 = 1 2	4 × 4 = 1 6
2 × 5 = 1 0	3 × 5 = 1 5	4 × 5 = 2 0
2 × 6 = 1 2	3 × 6 = 1 8	4 × 6 = 2 4
2 × 7 = 1 4	3 × 7 = 2 1	4 × 7 = 2 8
2 × 8 = 1 6	3 × 8 = 2 4	4 × 8 = 3 2
2 × 9 = 1 8	3 × 9 = 2 7	4 × 9 = 3 6

5 × 1 = 0 5	6 × 1 = 0 6	7 × 1 = 0 7
5 × 2 = 1 0	6 × 2 = 1 2	7 × 2 = 1 4
5 × 3 = 1 5	6 × 3 = 1 8	7 × 3 = 2 1
5 × 4 = 2 0	6 × 4 = 2 4	7 × 4 = 2 8
5 × 5 = 2 5	6 × 5 = 3 0	7 × 5 = 3 5
5 × 6 = 3 0	6 × 6 = 3 6	7 × 6 = 4 2
5 × 7 = 3 5	6 × 7 = 4 2	7 × 7 = 4 9
5 × 8 = 4 0	6 × 8 = 4 8	7 × 8 = 5 6
5 × 9 = 4 5	6 × 9 = 5 4	7 × 9 = 6 3

8 × 1 = 0 8	9 × 1 = 0 9
8 × 2 = 1 6	9 × 2 = 1 8
8 × 3 = 2 4	9 × 3 = 2 7
8 × 4 = 3 2	9 × 4 = 3 6
8 × 5 = 4 0	9 × 5 = 4 5
8 × 6 = 4 8	9 × 6 = 5 4
8 × 7 = 5 6	9 × 7 = 6 3
8 × 8 = 6 4	9 × 8 = 7 2
8 × 9 = 7 2	9 × 9 = 8 1

주판으로 배우는 암산 수학

매직셈

매직셈 홈페이지 : www.magicsem.co.kr
무료상담 : 080-3131-7404

EQ 올셈 2단계

P.4
1 4, 3, 2, 1
2 □4, □1, □5, □2, □3 / 3□, 2□, 1□, □4, □0

P.5
1) 5　2) 5　3) 7　4) 5　5) 8
6) 6　7) 5　8) 5　9) 9　10) 15
11) 7　12) 8　13) 11　14) 15　15) 16
16) 15　17) 5　18) 15　19) 6　20) 5

P.6
1) 10　2) 9　3) 15　4) 7　5) 15
6) 5　7) 13　8) 10　9) 13　10) 15
11) 18　12) 15　13) 15　14) 11　15) 10
16) 10　17) 8　18) 7　19) 11　20) 17
21) 16　22) 15　23) 15　24) 15　25) 17
26) 18　27) 14　28) 9　29) 20　30) 15

P.7
1) 20　2) 18　3) 19　4) 18　5) 20
6) 16　7) 17　8) 18　9) 19　10) 20
11) 15　12) 15　13) 15　14) 19　15) 16
16) 18　17) 15　18) 16　19) 17　20) 18
21) 18　22) 25　23) 17　24) 19　25) 16
26) 18　27) 16　28) 10　29) 25　30) 18

P.8
1) 70　2) 50　3) 50　4) 50　5) 62
6) 55　7) 55　8) 55　9) 55　10) 55
11) 74　12) 55　13) 55　14) 66　15) 68
16) 55　17) 66　18) 59　19) 59　20) 95
1) 25　2) 71　3) 70　4) 50　5) 67
6) 55　7) 58　8) 50　9) 53　10) 50

P.9
1) 18　2) 18　3) 19　4) 17　5) 18
6) 23　7) 15　8) 18　9) 10　10) 17
11) 14　12) 17　13) 14　14) 17　15) 14
16) 16　17) 16　18) 11　19) 13　20) 18
21) 12　22) 20　23) 10　24) 21

P.10
1) 5　2) 5　3) 5　4) 5　5) 6
6) 5　7) 5　8) 6　9) 9　10) 6
11) 7　12) 9　13) 11　14) 15　15) 16
16) 16　17) 6　18) 16　19) 7　20) 6

P.11
1) 11　2) 10　3) 16　4) 8　5) 16
6) 6　7) 14　8) 11　9) 12　10) 16
11) 15　12) 16　13) 16　14) 17　15) 11
16) 11　17) 9　18) 8　19) 12　20) 18
21) 17　22) 16　23) 16　24) 16　25) 18
26) 19　27) 15　28) 10　29) 21　30) 16

P.12
1) 21　2) 19　3) 20　4) 19　5) 21
6) 17　7) 18　8) 19　9) 20　10) 21
11) 16　12) 16　13) 16　14) 20　15) 17
16) 19　17) 16　18) 23　19) 18　20) 19
21) 19　22) 26　23) 18　24) 20　25) 17
26) 19　27) 17　28) 11　29) 26　30) 19

P.13
1) 84　2) 63　3) 61　4) 60　5) 72
6) 66　7) 66　8) 66　9) 66　10) 66
11) 60　12) 76　13) 77　14) 54　15) 64
16) 56　17) 58　18) 68　19) 48　20) 88
1) 26　2) 61　3) 70　4) 60　5) 67
6) 66　7) 68　8) 50　9) 63　10) 60

P.14
1) 18　2) 18　3) 13　4) 15　5) 19
6) 18　7) 11　8) 16　9) 11　10) 18
11) 10　12) 10　13) 12　14) 13　15) 11

P.15
1 ① 3,2,3,13　② 3,3,3,13　③ 7,2,7,17　④ 1,4,1,11
2 ① 19　② 18　③ 21　④ 16
　⑤ 17　⑥ 19
3 ① □1, 20　② 1, 31　③ 1, 30　④ 1, 20
　⑤ 27　⑥ 18　⑦ □1, 21　⑧ 15

P.16
1) 5　2) 7　3) 6　4) 5　5) 5
6) 5　7) 5　8) 6　9) 10　10) 7
11) 7　12) 9　13) 11　14) 16　15) 16
16) 17　17) 7　18) 17　19) 8　20) 7

P.17
1) 12　2) 11　3) 17　4) 9　5) 17
6) 7　7) 15　8) 12　9) 12　10) 17
11) 15　12) 17　13) 17　14) 16　15) 18
16) 12　17) 10　18) 9　19) 13　20) 18
21) 18　22) 17　23) 17　24) 17　25) 19
26) 20　27) 19　28) 11　29) 22　30) 17

P.18
1) 22　2) 20　3) 21　4) 20　5) 22
6) 18　7) 19　8) 20　9) 21　10) 22
11) 17　12) 17　13) 17　14) 21　15) 18
16) 20　17) 17　18) 20　19) 19　20) 20
21) 20　22) 27　23) 19　24) 21　25) 18
26) 20　27) 18　28) 12　29) 27　30) 20

P.19
1) 94　2) 73　3) 72　4) 70　5) 72
6) 77　7) 77　8) 77　9) 77　10) 77
11) 72　12) 72　13) 76　14) 60　15) 89
16) 74　17) 88　18) 79　19) 79　20) 88
1) 39　2) 71　3) 70　4) 70　5) 67
6) 77　7) 78　8) 50　9) 73　10) 70

P.20
1) 20　2) 19　3) 17　4) 17　5) 20
6) 20　7) 12　8) 15　9) 10　10) 17
11) 10　12) 10　13) 21　14) 12　15) 12

P.21
1　①3,1,1,11　②2,1,1,11　③4,1,1,11　④3,2,2,12
2　①14　②22　③15　④17
　　⑤20　⑥23
3　①1,30　②49　③1,22　④25
　　⑤29　⑥37　⑦1,40　⑧47

P.22
1) 5　2) 7　3) 7　4) 6　5) 6
6) 6　7) 6　8) 7　9) 11　10) 8
11) 8　12) 10　13) 12　14) 18　15) 17
16) 18　17) 8　18) 18　19) 9　20) 8

P.23
1) 13　2) 12　3) 18　4) 10　5) 18
6) 8　7) 16　8) 13　9) 14　10) 18
11) 21　12) 18　13) 18　14) 17　15) 13
16) 13　17) 11　18) 10　19) 14　20) 20
21) 19　22) 18　23) 18　24) 18　25) 20
26) 21　27) 17　28) 12　29) 23　30) 18

P.24
1) 23　2) 21　3) 22　4) 21　5) 23
6) 19　7) 20　8) 21　9) 22　10) 23
11) 18　12) 18　13) 18　14) 22　15) 19
16) 21　17) 18　18) 22　19) 20　20) 21
21) 21　22) 28　23) 20　24) 23　25) 19
26) 21　27) 19　28) 13　29) 28　30) 21

P.25
1) 94　2) 93　3) 92　4) 80　5) 92
6) 88　7) 86　8) 88　9) 84　10) 84
11) 66　12) 77　13) 98　14) 70　15) 66
16) 78　17) 88　18) 89　19) 83　20) 99
1) 10　2) 81　3) 81　4) 90　5) 77
6) 88　7) 68　8) 60　9) 83　10) 75

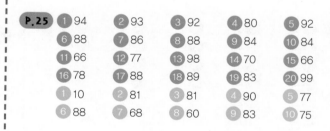

P.26
1) 17　2) 18　3) 19　4) 17　5) 18
6) 19　7) 12　8) 16　9) 12　10) 20
11) 10　12) 11　13) 20　14) 11　15) 10

P.27
1　①9,1,2,12　②4,6,3,13　③4,6,1,11　④8,2,2,12
2　①1,44　②1,33　③1,35　④1,23
3　①　　②

P.28
1) 20 2) 18 3) 19 4) 18 5) 21
6) 17 7) 18 8) 20 9) 18 10) 23
11) 19 12) 19 13) 19 14) 20 15) 19
16) 19 17) 20 18) 25 19) 18 20) 25
1) 16 2) 15 3) 18 4) 15 5) 12
6) 12 7) 15 8) 5 9) 19 10) 19

P.29
1) 25 2) 21 3) 27 4) 20 5) 18
6) 25 7) 18 8) 11 9) 30 10) 22
11) 20 12) 15 13) 18 14) 19 15) 16
16) 10 17) 22 18) 21 19) 20 20) 25
1) 16 2) 11 3) 18 4) 15 5) 13
6) 16 7) 14 8) 18 9) 21 10) 15

P.30
1) 35 2) 38 3) 93 4) 85 5) 77
6) 47 7) 48 8) 40 9) 38 10) 79
11) 25 12) 26 13) 46 14) 45 15) 45
16) 69 17) 40 18) 45 19) 38 20) 45
1) 17 2) 15 3) 25 4) 25 5) 15
6) 19 7) 17 8) 11 9) 26 10) 15

P.31
1) 48 2) 61 3) 41 4) 48 5) 62
6) 49 7) 40 8) 47 9) 54 10) 48
11) 22 12) 95 13) 46 14) 45 15) 37
16) 46 17) 42 18) 41 19) 40 20) 48
1) 22 2) 20 3) 12 4) 16 5) 22
6) 14 7) 18 8) 18 9) 11 10) 17

P.32
1) [1], [3], [2], [4]
2) [ ]1, [ ]2, [ ]4, [ ]3, [ ]5
   5[ ], 5[ ], 5[ ], 5[ ], [ ]0
3) [6], [7], [8], [9], [5]
   [7], [8], [9], [6], [5]

P.33
1) 11 2) 11 3) 12 4) 12 5) 16
6) 14 7) 14 8) 14 9) 13 10) 14
11) 11 12) 11 13) 15 14) 18 15) 20
16) 22 17) 12 18) 12 19) 14 20) 14

P.34
1) 11 2) 12 3) 21 4) 13 5) 22
6) 15 7) 19 8) 11 9) 25 10) 23
11) 21 12) 16 13) 21 14) 16 15) 15
16) 19 17) 12 18) 12 19) 23 20) 18
21) 18 22) 23 23) 16 24) 17 25) 18
26) 23 27) 19 28) 12 29) 24 30) 14

P.35
1) 21 2) 21 3) 21 4) 21 5) 21
6) 21 7) 21 8) 21 9) 21 10) 23
11) 22 12) 22 13) 22 14) 17 15) 24
16) 22 17) 22 18) 24 19) 22 20) 22
21) 23 22) 24 23) 18 24) 22 25) 23
26) 23 27) 20 28) 13 29) 22 30) 22

P.36
1) 110 2) 120 3) 130 4) 130 5) 142
6) 32 7) 43 8) 33 9) 71 10) 34
11) 170 12) 140 13) 48 14) 89 15) 97
16) 94 17) 99 18) 130 19) 127 20) 190
1) 34 2) 23 3) 21 4) 44 5) 48
6) 49 7) 34 8) 24 9) 38 10) 49

P.37
1) 15 2) 19 3) 18 4) 15 5) 20
6) 21 7) 16 8) 12 9) 10 10) 25
11) 17 12) 12 13) 20 14) 12 15) 18
16) 18 17) 5 18) 20 19) 19 20) 18
21) 15 22) 10 23) 7 24) 15

P.38
1) 12 2) 12 3) 13 4) 13 5) 17
6) 14 7) 14 8) 14 9) 13 10) 12
11) 12 12) 12 13) 16 14) 19 15) 22
16) 23 17) 14 18) 15 19) 14 20) 14

P.39
1) 12 2) 13 3) 22 4) 13 5) 23
6) 15 7) 19 8) 12 9) 24 10) 24
11) 24 12) 21 13) 22 14) 17 15) 16
16) 19 17) 13 18) 13 19) 24 20) 19
21) 19 22) 24 23) 16 24) 18 25) 18
26) 24 27) 20 28) 13 29) 24 30) 13

P.40 1) 22　2) 22　3) 22　4) 22　5) 22　6) 22　7) 22　8) 22　9) 22　10) 29　11) 23　12) 23　13) 23　14) 18　15) 25　16) 23　17) 23　18) 22　19) 23　20) 23　21) 24　22) 25　23) 19　24) 23　25) 24　26) 24　27) 21　28) 15　29) 23　30) 23

P.46 1) 23　2) 24　3) 23　4) 23　5) 23　6) 23　7) 23　8) 24　9) 23　10) 29　11) 24　12) 24　13) 24　14) 18　15) 25　16) 24　17) 23　18) 24　19) 24　20) 24　21) 24　22) 33　23) 26　24) 24　25) 24　26) 27　27) 21　28) 14　29) 25　30) 26

P.41 1) 120　2) 130　3) 140　4) 140　5) 132　6) 33　7) 44　8) 34　9) 72　10) 33　11) 136　12) 182　13) 128　14) 137　15) 145　16) 83　17) 93　18) 44　19) 84　20) 98
1) 34　2) 24　3) 36　4) 43　5) 49　6) 49　7) 34　8) 24　9) 37　10) 48

P.47 1) 130　2) 140　3) 140　4) 140　5) 142　6) 34　7) 44　8) 34　9) 73　10) 34　11) 84　12) 84　13) 134　14) 84　15) 94　16) 149　17) 148　18) 134　19) 140　20) 147
1) 33　2) 24　3) 28　4) 50　5) 49　6) 48　7) 34　8) 24　9) 33　10) 49

P.42 1) 17　2) 17　3) 18　4) 16　5) 19　6) 19　7) 15　8) 9　9) 14　10) 18　11) 5　12) 13　13) 21　14) 11　15) 16　16) 19　17) 17　18) 15　19) 6　20) 11　21) 18　22) 11　23) 18　24) 21

P.48 1) 16　2) 15　3) 17　4) 15　5) 13　6) 21　7) 15　8) 12　9) 15　10) 23　11) 15　12) 19　13) 22　14) 10　15) 18　16) 21　17) 18　18) 20　19) 10　20) 12　21) 21　22) 13　23) 15　24) 25

P.43
1 ①4,13　②1,17　③3,11　④2,14　⑤4,11　⑥6,13
2 ①17　②16　③1,32　④1,36　⑤1,33　⑥35　⑦1,45　⑧39
3 ①40,82　②43,69　③62,74　④30,72

P.49
1 ①2,12　②3,14　③2,12　④2,15　⑤4,14　⑥4,13
2 ①25　②1,22　③1,33　④1,20　⑤26　⑥1,41　⑦1,62　⑧57
3 ①48,48,69　②47,47,70　③63,63,92　④55,55,67

P.44 1) 13　2) 13　3) 14　4) 14　5) 17　6) 15　7) 14　8) 14　9) 14　10) 14　11) 13　12) 13　13) 17　14) 20　15) 23　16) 24　17) 13　18) 15　19) 14　20) 14

P.50 1) 14　2) 14　3) 14　4) 14　5) 14　6) 14　7) 14　8) 14　9) 14　10) 14　11) 14　12) 14　13) 18　14) 18　15) 14　16) 14　17) 14　18) 14　19) 15　20) 22

P.45 1) 13　2) 14　3) 23　4) 16　5) 24　6) 22　7) 19　8) 13　9) 24　10) 25　11) 22　12) 24　13) 23　14) 18　15) 16　16) 19　17) 14　18) 14　19) 25　20) 17　21) 25　22) 23　23) 24　24) 19　25) 23　26) 24　27) 21　28) 14　29) 19　30) 14

P.51 1) 14　2) 15　3) 24　4) 12　5) 24　6) 14　7) 14　8) 14　9) 24　10) 24　11) 22　12) 14　13) 24　14) 22　15) 16　16) 14　17) 24　18) 21　19) 24　20) 17　21) 15　22) 24　23) 32　24) 25　25) 24　26) 24　27) 14　28) 22　29) 20　30) 14

P.52

1)24	2)24	3)24	4)24	5)24
6)24	7)24	8)24	9)24	10)28
11)24	12)24	13)24	14)24	15)25
16)24	17)24	18)25	19)24	20)24
21)24	22)35	23)26	24)32	25)24
26)34	27)24	28)14	29)25	30)27

P.53

1)140	2)140	3)140	4)240	5)143
6)34	7)45	8)34	9)74	10)34
11)160	12)143	13)149	14)149	15)199
16)73	17)89	18)94	19)94	20)44
1)33	2)24	3)32	4)49	5)49
6)48	7)34	8)24	9)34	10)23

P.54

1)19	2)15	3)11	4)15	5)20
6)17	7)20	8)17	9)17	10)33
11)16	12)27	13)29	14)28	15)20
16)18	17)17	18)19	19)10	20)15
21)18	22)15	23)15	24)21	

P.55

1) ①6,16 ②2,12 ③3,13 ④5,15
   ⑤2,12 ⑥2,12
2) ①56 ②67 ③1,43 ④1,66
3) ①49,49,61,61 ②38,38,91,91
   ③49,49,64,64 ④49,49,62,62

P.56

1)22	2)20	3)25	4)22	5)34
6)14	7)17	8)24	9)20	10)24
11)33	12)26	13)24	14)31	15)24
16)24	17)24	18)21	19)27	20)24
21)48	22)24	23)40	24)33	25)43
26)44	27)42	28)42	29)44	30)49

P.57

1)20	2)24	3)22	4)19	5)30
6)23	7)24	8)23	9)22	10)17
11)25	12)14	13)23	14)24	15)24
16)24	17)18	18)24	19)24	20)23
21)80	22)46	23)44	24)75	25)38
26)45	27)43	28)91	29)41	30)75

P.58

1)31	2)22	3)30	4)33	5)31
6)25	7)23	8)36	9)25	10)31
11)34	12)27	13)34	14)29	15)26
16)26	17)28	18)31	19)31	20)31
1)33	2)75	3)40	4)46	5)44
6)31	7)47	8)31	9)49	10)71

P.59

1)33	2)26	3)32	4)31	5)29
6)28	7)23	8)31	9)25	10)31
11)22	12)31	13)31	14)27	15)31
16)27	17)27	18)28	19)28	20)32
1)52	2)31	3)42	4)41	5)42
6)38	7)43	8)33	9)52	10)96

P.60

1)30	2)23	3)25	4)28	5)27
6)27	7)30	8)25	9)31	10)27
11)19	12)29	13)27	14)27	15)25
16)21	17)26	18)28	19)31	20)35
21)72	22)48	23)79	24)49	25)48
26)78	27)55	28)86	29)98	30)71

P.61

1)31	2)30	3)33	4)27	5)19
6)39	7)21	8)29	9)28	10)24
11)36	12)26	13)19	14)24	15)38
16)22	17)29	18)25	19)28	20)28
21)94	22)84	23)92	24)86	25)97
26)98	27)75	28)45	29)46	30)91

P.62

1)32	2)27	3)34	4)34	5)34
6)28	7)28	8)23	9)26	10)27
11)28	12)43	13)32	14)25	15)31
16)29	17)30	18)30	19)24	20)33
1)69	2)70	3)83	4)77	5)49
6)73	7)69	8)87	9)77	10)70

P.63

1)33	2)29	3)25	4)26	5)32
6)41	7)25	8)29	9)24	10)34
11)30	12)31	13)23	14)24	15)29
16)21	17)31	18)31	19)24	20)28
1)91	2)66	3)85	4)84	5)93
6)66	7)85	8)78	9)78	10)72

P.64

1. 55	2. 55	3. 50	4. 50	5. 50
6. 51	7. 53	8. 50	9. 51	10. 55
11. 55	12. 55	13. 50	14. 59	15. 56
16. 56	17. 58	18. 57	19. 56	20. 56
21. 57	22. 58	23. 51	24. 50	25. 54
26. 52	27. 50	28. 53	29. 50	30. 50

P.65

1. 54	2. 53	3. 51	4. 50	5. 51
6. 50	7. 55	8. 57	9. 52	10. 55
11. 50	12. 50	13. 61	14. 55	15. 51
16. 50	17. 57	18. 53	19. 55	20. 56
21. 66	22. 60	23. 56	24. 57	25. 64
26. 53	27. 51	28. 57	29. 51	30. 61

P.66

1. 51	2. 54	3. 64	4. 53	5. 58
6. 58	7. 53	8. 58	9. 63	10. 70
11. 50	12. 51	13. 65	14. 50	15. 50
16. 52	17. 52	18. 52	19. 51	20. 65
21. 63	22. 69	23. 61	24. 57	25. 65
26. 62	27. 66	28. 63	29. 67	30. 66

P.67

1. 72	2. 54	3. 62	4. 68	5. 66
6. 65	7. 66	8. 74	9. 64	10. 56
11. 74	12. 60	13. 71	14. 62	15. 73
16. 55	17. 66	18. 73	19. 55	20. 64
21. 63	22. 57	23. 64	24. 62	25. 66
26. 64	27. 65	28. 65	29. 55	30. 76

P.68

1. 100	2. 106	3. 103	4. 101	5. 102
6. 100	7. 104	8. 104	9. 105	10. 104
11. 100	12. 101	13. 107	14. 100	15. 100
16. 102	17. 100	18. 101	19. 108	20. 101
21. 103	22. 102	23. 103	24. 101	25. 101
26. 104	27. 101	28. 104	29. 102	30. 105
31. 100	32. 101	33. 101	34. 104	35. 101
36. 101	37. 104	38. 104	39. 101	40. 103

P.69

1. 179	2. 100	3. 100	4. 112	5. 112
6. 163	7. 117	8. 101	9. 102	10. 103
11. 104	12. 108	13. 141	14. 141	15. 110
16. 110	17. 144	18. 105	19. 106	20. 177
21. 135	22. 112	23. 108	24. 101	25. 128
26. 150	27. 158	28. 170	29. 163	30. 124
31. 105	32. 104	33. 128	34. 140	35. 157
36. 135	37. 106	38. 100	39. 141	40. 103

P.70

1. 105	2. 108	3. 107	4. 110	5. 107
6. 126	7. 114	8. 119	9. 108	10. 169
11. 109	12. 106	13. 105	14. 110	15. 110
16. 107	17. 109	18. 107	19. 101	20. 104
21. 107	22. 106	23. 106	24. 111	25. 106
26. 123	27. 113	28. 108	29. 105	30. 120

P.71

1. 100	2. 101	3. 174	4. 142	5. 203
6. 198	7. 108	8. 112	9. 106	10. 111
11. 250	12. 201	13. 159	14. 204	15. 203
16. 107	17. 250	18. 137	19. 207	20. 134
21. 105	22. 192	23. 204	24. 126	25. 171
26. 112	27. 212	28. 148	29. 240	30. 161

P.72

1. 55	2. 29	3. 46	4. 40	5. 31
6. 67	7. 53	8. 39	9. 48	10. 49
11. 105	12. 108	13. 107	14. 110	15. 107
16. 126	17. 114	18. 119	19. 108	20. 169
1. 51	2. 45	3. 48	4. 56	5. 46
6. 46	7. 65	8. 58	9. 61	10. 43

P.73

1. 53	2. 54	3. 50	4. 51	5. 51
6. 59	7. 50	8. 53	9. 64	10. 54
11. 103	12. 102	13. 105	14. 113	15. 104
16. 105	17. 120	18. 107	19. 100	20. 123
1. 25	2. 23	3. 26	4. 21	5. 23
6. 22	7. 22	8. 19	9. 24	10. 22

P.74

1. 27	2. 24	3. 34	4. 24	5. 26
6. 32	7. 26	8. 28	9. 24	10. 34
11. 24	12. 23	13. 25	14. 25	15. 25
16. 23	17. 34	18. 28	19. 29	20. 22
1. 41	2. 48	3. 59	4. 50	5. 53
6. 77	7. 41	8. 39	9. 74	10. 51

P.75

1. 51	2. 36	3. 37	4. 55	5. 50
6. 52	7. 38	8. 34	9. 42	10. 33
11. 107	12. 106	13. 116	14. 91	15. 94
16. 100	17. 107	18. 98	19. 76	20. 97
1. 20	2. 25	3. 20	4. 21	5. 31
6. 30	7. 30	8. 20	9. 16	10. 28

덧셈이나 곱셈으로 해 보세요.

아이 수준에 맞게 **+** 나 **×** 로 선택하세요.

예시

×	0	I	2	3	4	5	6	7	8	9
7	0	07	I4	2I	28	35	42	49	56	63

한 자리, 두 자리, 세 자리... 중 아이의 수준에 맞게 선생님이 숫자를 넣어 사용하세요.

걸린 시간 (분   초)

	9	7	2	5	3	I	8	0	6	4

	6	8	4	2	0	3	I	5	9	7

	7	0	4	I	9	2	8	5	3	6

	5	8	I	3	7	9	0	2	4	6

	9	I	5	7	2	3	8	6	4	0

	5	7	2	0	4	9	3	6	8	I

	8	3	4	6	9	0	I	5	7	2

	4	9	5	8	7	I	2	6	0	3